スタイリスト菊池京子が贈る永遠のファッション・バイブル

TOKYO BASIC

In the Beginning...

　10代のころです。イディス・ヘッドという衣装スタイリストが映画で見せた
オードリー・ヘップバーンの装い。それはオードリーがまだ有名になる前の、
少しあか抜けないころ。だけど、とにかくキュートであったかい感じがしたん
です。洋服で何かを表現できるんだ…と思いました。それが今の私の原点のよ
うな気がします。

　この仕事を始めてから15年以上、とにかく必死に走り続けました。記憶のな
い時期もあるくらい(笑)。ここ3〜4年でしょうか、自分の時間がゆっくりも
てるようになったのは。だけど昔がつらかったということではなく、どういっ
たファッションのテーマで特集しようか…など四六時中考えて打ち込んで、楽
しかった。そうして夢中で駆け抜けた時代でした。スタンスが少し変わったの
はファッション誌『Domani』の仕事を始めたとき。当時の編集長が、私自身
のメッセージが伝わるような私的感のあるページを、というチャンスをくれた
んです。うれしかった。ちょうど服を通して何かを伝えられたらと思い始めて
いたから。友人や恋人が優しい言葉をかけてくれるように、洋服が元気をくれ
る、「コーディネートって楽しい！」ということを伝えられたらと思ったんです。

それに、こうして好きなことを仕事にできているのは恵まれていること。だからこそ何かを伝えたい。単行本に込めた思いでもあります。

　服を着る、おしゃれをするって、自分が気持ちいいと思えることがいちばんです。何をどう選ぶかということの前に、おしゃれの気持ちがあるだけで豊かになれるもの。たとえば気分転換としてピンクのカーディガンを着ると、気分が一気に上昇します(笑)。雨上がりの日の朝、「よーし！」という気持ちと一緒に選ぶ服のおしゃれ。それに、そのときの自分を味わうおしゃれもあります。アクティブで元気なとき、悲しいときに笑顔になりたいとき、逆に悲しい雰囲気にどっぷり浸るとき！　どんなときも自分と会話するように服と付き合う。生きているという実感が湧きます。そう、無理しておしゃれをするのではなく思うままに楽しんでほしいなと。この本も、わくわくしたり、真似たり、共感したりして、みんなが輝いてくれたらうれしいです。すべてはつながっているから、その気持ちが女性をきれいにし、会話もはずんで、笑顔になれる。こうして幸せの連鎖が起こるといいなと願っています。

菊池京子

CONTENTS

Column

ひとさじの品格、幸福、可憐、清純、遊び心…

111 Private Wardrobe

プライベート・ワードローブ

design:Kazumi Urushibata(fab)　cover photo:John Chan

ベーシック服を主役に完成する
最強のコーディネート

菊池京子スタイルに宿る 6つのエッセンス

「コーディネートって楽しい！」
——菊池京子は、いつも言います。
スタイリングを考える時間は、
とても私的で幸せな時間だと！
そんな思いから生まれる、
いつも一歩新しく、
ベーシックなのに一歩抜きんでた、
とびきりおしゃれな
スタイルを生む秘密はどこに？
「Love」「White」「Simple」
「Grace」「Actress」「Sexy」の
6つのキーワードをヒントに、
菊池京子スタイルに宿る
センスの源をひも解いていきます。

Love

服への〝リスペクト〟＝愛

今日は何を着る？　どんな気分？　訪れる場所、会う人たち…その日のスケジュールを想像して、クローゼットから服を選ぶ。何気ない毎日の行動だけど、いつも気分が上がります。パートナーとして選ばれた服は、自分を表すフィルター、その日の気持ちを左右するぐらい、洋服の存在って大きい。

たとえば、「これすごくいい！」って思った瞬間、そこには愛がある。そう、その服には愛というエネルギーが生まれる。私達の毎日は、仕事、恋、家族…悲しいこと、つらいこともあるけれど、そんなときこそ、大好きな服を着てみる。きっと気持ちの変化を感じるはず。愛する服には、たくさんのパワーが宿って私達をHAPPYにしてくれると思うんです。それをみんなに少しでも伝えられたらうれしい。人に、愛情に救われるように、1枚の洋服が力をくれると思うから。

たとえば雨上がり、晴れ上がった空の下、すーっと深呼吸してみる。風が気持ちよくて、緑があふれる公園の芝生に寝転がって空を眺めるのもいい。穏やかで、気持ちが洗われるような時の流れ。白ってそんな〝気持ちよさ〟に似ています。着ると気持ちがクリアになって、いい緊張感に包まれる、なんとも心地いい感覚です。

そんな白が好きだから、私のまわりにはいつの間にか白がいっぱい。ベッドリネン、シャツ、器、ホワイトデニム…。主役の白、効かせる白、いろいろな白があるけれど、その全部がいいなって。

私にとって、気持ちよさを感じさせてくれるひとつが〝白〟という色なのかもしれない。思わず手にとってしまう、自分自身がいちばんシンプルでいられる色です。

白のもつ〝気持ちよさ〟が昔から好き

White

私は好き嫌いがはっきりしていて、まわりか
らはよく「分かりやすいね」と言われます。
嘘がつけないし、つくのも下手くそ。器用な
ほうじゃない。だから、ときどき壁にぶつか
るけれど、これが私だから、このままでいい
のかなって。心の声に素直に従うことを大切
にしたいんです。とはいっても、いつも100%
正直でいられるわけではなく、宝くじに当た
ったぐらい嬉しいことがあれば、その反対も
あって落ち込む日もあります。そんなときは、
どっぷり落ちて、そこから明かりを見る。無
理せず、感情に素直に生きるのが人間っぽく
て、シンプルでいいか、と。

たとえば仕事でも、やりたいと思っていたこ
とがそのときできなかったとしても、自分の
力量なんだと受け入れます。精一杯やったと

いうことで、自分を褒めてみる。今があって、
これからにつながる。素直に自分を受け入れ
〝自分が自分でいること〟が大切だなって。

どんなときも〝らしさ〟を忘れないでいたい

Simple

Grace

本物がもつ〝さりげなく漂う品〟がいい

母の実家が織物工場を営んでいて、小さいころから家には反物(たんもの)がたくさん。今でも落ち着く感触なんですが、自然の匂いがするシルクの糸や染めの色合いなど日本の伝統と天然素材の生地に囲まれて育った子供時代。母がその生地を使って、よく洋服をつくってくれました。私もリカちゃん人形の洋服をつくったりして。

古い街並みも風情があって落ち着きます。何百年も前の建物が修理をしながら、大切に後世へ引き継がれていくさま。ものを大切にする思い、守りぬく人々の愛情には心底、感動するんです。

歴史や伝統がもつ特別な空気感には、控えめながらいい意味での緊張感があります。表面的なかたちではなく、持ち味に艶が生まれるように感じます。漂う空気感が本物って、どこまでも穏やかで落ち着いている。その極上の世界観がたまらなく好きなんです。

Actress

エレガンスをイージーに着こなす〝憧れ〟

映画が昔からとにかく好きです。特に'50年代後半〜'70年代のクラシック女優は、女性としても、おしゃれのお手本としても特別な存在。とにかく、なんでもない服をさらっと着ているのに女っぽくてかっこいいんです。ロミー・シュナイダー、ジェーン・バーキン、モニカ・ヴィッティ…昔から変わらず好きな女優たち。たとえば同じシャツスタイルでも3人3様で魅力的に着こなしている。まさに〝憧れ〟です。

そのときどきの時代の気分をふと参考にすることがあります。ロミーのシャツ。仕立てのよさそうなサックスブルーのシャツをさらっと1枚で着ているだけ。だけど、上品。モニカのなんでもないシンプルなシャツ。彼女らしくゆるく着ていて、エレガントでかっこいい。挙げればきりがないほど、愛すべき女優たちです。それぞれの魅力が着こなしに滲み出ている——女性としても最高のお手本です。

女らしさをアピールする。迷わず素直に表現したいです。いき過ぎはらしくないけど、潔く女らしさを表現するのって、かっこいい女性だなと思うんです。

いちばん惹かれるのは、媚びない姿勢。度胸がある人って、色気を感じる。男性でも女性でもそう。たたずまいに芯があって、何事にもぶれない人ってちょっとした〝薫り〟があります。まさに、日々の思いのひとつひとつが合わさって出てくる〝味〟のようなもの…。あえてセクシーさで挙げるなら、連想するのは声。ハスキーでかすれた声に惹かれます。それから焼けた肌にスリップドレス。健康的な肌が映える姿。あくまでも自然体で肩の力が抜けた女性。ラフで辛口な女性のすっと引いたアイライン。ちょっと目をふせたときの、ふとした瞬間…なんてセクシーなの！

大人の女性の〝潔さ〟って色気がある

Sexy

TOKYO

BASIC

菊池京子スタイルに登場するベーシックアイコン11の役割

White
Shirt

心がクリアになる
〝気持ちのよさ〟を約束してくれる

清潔感のある仕立てのいい定番の白
シャツをさらっと着る。そんな品の
あるカジュアルが気分です。
何より愛するアイテム・白シャツは、
プライベートでも仕事でも常に近く
にいる存在。そでを通す瞬間の緊張
感と気持ちよさが好きです。自分の
心しだいでエレガントにも、シャー
プにも、すごくリラックスした着こ
なしにもなる。どこまでも柔軟に、
自分色に染まるんです。

シャツ／左から、
Black Fleece by Brooks Brothers、
Bagutta、BARBA（すべて私物）

〝白シャツの新たな
可能性を感じた
1ショット〟

白シャツだからこその
〝品のあるカジュアル〟
を目ざしました。
読者からの支持も高く、
印象に残っているカッ
トです。

〝イメージしたのは
大人の街、GINZA〟

銀座をイメージすると、
いつものブルーデニム
がホワイトデニムに。
黒ジャケットが紺ブレ
ザーに。どこか端正な
雰囲気に。

〝時代のムードを
取り入れることで、
ラフに仕上げました〟

味わいのあるレースで、
レザーブルゾン×白シ
ャツの王道スタイルに
〝今〟を吹き込む。ハッ
とするような新鮮さが
生まれます。

〝白シャツで、
いつもの私から
特別に変わる、〟

ウェディングをイメー
ジしたときパッと浮か
んだコーディネート。
友人たちとのプチパー
ティにおすすめしたい
大人のマリエです。

菊池京子的
白シャツの
着こなしバリエーション

Smart
Rich

好きな
北イタリアの街、
ミラノをイメージした
冬スタイル

昔も今も愛するベーシック
アイテムを無造作に組み合
わせていったら、自分らし
いスタイルに。ミラノコレ
クションを訪れたとき、ま
さにこの姿でした。パンツ
のすそをブーツインにして
冬のヨーロッパの空気を感
じながら、石畳みを歩いた
ことを覚えています。

Noble
Rich

定番の白シャツを
ラフな気分で
日常に
さらっと着る

永遠に好きな白シャツ×チ
ノのコンビネーションは、
気品とフレッシュさが同居
したジャクリーヌ・ケネデ
ィの魅力とリンクします。
日焼けした肌で着たい、最
高にナチュラルでセクシー
な王道スタイル。こんな姿
で仕事を次々とこなすのも
余裕があって粋です。

Jacket

自分をさりげなく演出できる
頼れる存在

仕立てのいいジャケットは、そでを
通すだけで背筋が伸びて気分もシャ
キッとする。その高度な緊張感が心
地いいんです。私の基本にあるのは
いつも黒のテーラード。普遍のかたち、
色だからこそ、どう着こなすか…あ
る日はカーゴパンツと、ある日はシ
ルクのドレスと足元にはピンヒール
でスペシャルな自分を演出してみた
り。その日の自分と呼吸するように
スタイリング。日常にさりげなく馴
じんだジャケットでありたい。

ジャケット／キートン(私物)

〝街になじむ
ジャケットスタイルが
テーマです〟

スカートのふんわりフ
ォルムとの合わせが新
しい。思わず街に出か
けたくなるテーラード
の新バランスです。

"ツイードを着くずす。
その先にある、
無理のないエレガンス、

エレガントなツイード
ジャケット。カーゴパ
ンツで着こなしにサプ
ライズを加えるのが、
モードを楽しむ醍醐味

以前、私自身が着ていたスタイルです。今も昔も決めすぎない、どこか力を抜いた着こなしが好き。

〝スーツこそ、
オリジナルの味を出す〟

〝黒のもつ知的さで、
レイヤードスタイルを
大人っぽく決める〟

オールブラックの着こ
なしに、光沢のある素
材感でひとさじの女ら
しさを加えてみました。

029

菊池京子的
ジャケットの
着こなしバリエーション

Rough

お気に入りジャケットに
着慣れたアイテムを足すだけ。
…なんか好きなんです

私にとって、定番中の定番
スタイル。毎年ミラノコレ
クションを訪れていますが、
そのスケジュールはまさに
分刻み。そんな嵐のような
日々を支える、力強い味方
スタイル。今回デニムはゆる
さがポイントのボーイフレ
ンドデニム。好きな型はそ
のときの気分で変わります。

Sexy

メンズのジャケットを
女性がさらっと
着るのって
セクシーでかっこいい

ちょっと特別な瞬間(とき)
の自分。左のルックスが、
ミラノコレクション中のデ
イリーなスタイルならば、
これは夜のパーティに出席
するときのスタイルです。
タキシードジャケットは
〝ディオール オム〟のPET
ITE。着たときのフォルム
がとにかくきれい！

ひとさじの品格

〝ティファニー〟の ひと粒ダイヤモンドのピアス

自分にパワーをくれる、 永遠の憧れにして特別な存在

自分に自信をくれる、元気をくれる、目に見えない力で私を勇気づけてくれる。まるで、そのままでいいんだよって言ってくれているような優しい輝きに惹かれました。それでいて、私を成長させてくれる活力源。このピアスが、いつまでも似合う女性でありたいなって思うからきっと、永遠に好きであり続ける普遍の一品です。私はよく、ふだんのTシャツ×カーゴパンツのスタイルにさらっとつけたりします。大切なものだからこそ、いつもの自分スタイルにさりげなく加えるのが私流。やわらかい輝きが、品と艶をそっとプレゼントしてくれます。

ピアス¥698,250
（ティファニー・アンド・カンパニー・ジャパン・インク
〈ティファニー〉）☎0120・488・712

Trench Coat

私にとってマリアージュ的な
永遠のパートナー

20歳のころ、アンナ・カリーナの『メイド・イン・U.S.A.』を観てトレンチに恋をしました。アンナがさらっと羽織って、ベルトを無造作に結んだ姿が本当にかっこよかった。そのときから変わらず私のワードローブにあって、時代とともに一緒に歩んできたキーアイテムです。それだけでフォトジェニックなトレンチだけど、ときに女らしかったりカジュアルだったり。これからも永い付き合いになりそうです。

コート／green（私物）

〝恋する女性は
いつだってきれい。
黒を効かせた
小粋なトレンチスタイル〟

ポロシャツのスポーティ感とタイトの女らしさ、そんな大人のバランスでトレンチを軽快に着てほしい。街を歩く姿が様になる。

〝いつの時代も
愛してやまない、
永遠のマイスタイル〟

約10年前、Oggiの誌
面で私的スタイルをは
じめて紹介したときの
カット。基本アイテム
だけでスタイリングし
た思い入れがある1枚。

菊池京子的
トレンチコートの
着こなしバリエーション

Black
Trench

黒コート×白パンツで
雨の日も
明るく過ごしたい♪

そう、雨の日こそ白ボトム
に長靴です。白を差して、
ツートンカラーのキュート
なマリンスタイルで雨の日
もHAPPYに過ごすのが私
流。気になっていた映画を
観に、気鋭のアート作品を
鑑賞しに…感性を刺激する、
行動的な一日を過ごしたい
ときにぴったり。

Beige
Trench

元気な色を足してみる。
自分を応援してくれるのも
服の力だったりします

レモンイエローのVニット
が、太陽をイメージするよ
うな躍動感でいっぱい。今
日はアクティブに動きまわ
るぞ、という日は色を味方
に元気をもらいたい。スポ
ーツ観戦するのもよし、ウ
インドウショッピングする
のもよし。エネルギーが満
ちてくるようです。

Beige
Trench

風を感じながら
街を歩く、ソフトな
トレンチスタイルで
約束の場所へ向かって

スモーキーなグレー×ピン
クベージュのワンピースは
優しい印象で好きな配色。
いつもより女らしくありた
い気分のとき、こんなトレ
ンチスタイルで出かけたく
なります。エレガントだけ
れど軽やかな印象は、夜と
いうより昼間の光が似合う
アップタウンな着こなし。

トレンチコートの
ムードで着る、
私的な
パーティスタイル

インナーとのバランスでエ
レガントな着こなしを目ざ
しました。ブラウスのソフ
トな素材感とディテールの
甘さがトレンチと絶妙なバ
ランス。眺めがいいテラス
が話題のフレンチレストラ
ンで、ワインを飲みながら
友人たちとの心地よいひと
ときを楽しみたい。

041

Turtle Neck

冬の定番アイテム。
女らしさが薫る、魅力がある

すごく女らしいアイテムだと気づか
されたのは'50s〜'60sの映画でした。
カトリーヌ・ドヌーヴが、タートルニ
ットを1枚着ているだけなのに女っ
ぽいシーン。オードリー・ヘップバーン
が『麗しのサブリナ』で魅せた可憐
な姿もキュートでした。何度観ても
見惚れてしまいます。〝あんな女性
になりたい〟と、憧れを抱いたター
トルニットとの出合いです。

ニット／すべてドゥロワー(私物)

〝シンプルに着こなす
タートルの魅力が
生きてくる〟

潔ささえ感じる黒のタ
ートルに、ミニスカー
トを合わせたストイッ
ク・フェミニン。肌を
露出するだけじゃない
女っぽさがあります。

"女性の
永遠のかわいらしさを
感じる、

こんなふうに、ジャン
パースカートを大人が
キュートに着ていたら
本当にかっこいい!
華奢なネックレスをさ
りげなくポイントに。

045

〝タートルを
味のあるラフさで
着る〟

タートルをメンズっぽ
く着たら、大人の女性
のドラマを感じます。
ラフなアウターにター
トル…逆に女っぽさが
にじみ出る。

〝心地よさ、
贅沢感を満喫する
ウインターホワイト〟

夏に限らず、冬でも白
いアイテムをよく着ま
す。実は女性のスタッ
フ以上に、男性スタッ
フにすごく好評だった
スタイルです。

菊池京子的
タートルニットの
着こなしバリエーション

Trad
Feminine

定番タートルニットを
白が心地いい
トラッドテイストに味付け

ダークカラーがどうしても
多くなってしまう秋冬の季
節でも、白ボトムのひとさ
じで清潔感のある女らしさ
が加わります。休日のリラ
ックスしたデートスタイル
におすすめ。乗馬ブーツで
仕上げたキュートなトラッ
ドカジュアルです。

Urban
Feminine

グレーのニュアンス
グラデーションで、
自分らしい時間を
過ごしたい

漂うような優しさを感じさ
せるタートルスタイル。肌
寒い風が吹き始めるころ、
こんな姿で季節を感じなが
らカフェでのんびり読書す
るのもいい。白ストールを
無造作に巻いて、ふらりと
出かけるイメージです。メ
タリックのバレエシューズ
がちょっとした遊び心。

ひとさじの幸福

〝ヴァン クリーフ&アーペル〟の
『ヴィンテージ アルハンブラ』ブレスレット

いつまでも愛したい、
気分を上げてくれるジュエリー

このブレスレットに出合った最初のきっかけはミラノ。散歩中に偶然見かけたマダムの黒いコートのそで口から、このブレスレットがちらっと覗いていたんです。「なんて素敵なんだろう…」。黒のオニキスでできた四つ葉のモチーフがとってもチャーミングで、思わず見とれてしまいました。『ヴィンテージ アルハンブラ』のデザインは、長く培われた伝統と歴史があり、四つ葉のモチーフには幸運の意味があるそうです。そんな〝特別さ〟っていいですよね。お守りみたいにエネルギーをもらえる気がします。あのマダムのように、私も長く愛したいブレスレットです。

ブレスレット￥294,000
（ヴァン クリーフ&アーペル）
☎03・3569・0711

Cardigan

着こなしを自在に楽しむ、恋するアイテム

さらっと羽織るだけで漂う品のよさとちょっと甘い女らしさ。これがなんともいえず好きなんです。定番は〝ジョン スメドレー〟の「黒」。今は２代目を愛用しています。色のカーディガンをジュエリーのように加えたり、ストールのように巻いたりと、そんな気軽さも魅力。季節を問わず着こなしを楽しめる愛すべきカーディガン。まるで友達のようにいつも自分の隣にあります。

カーディガン／ジョン スメドレー(私物)

〝ロングカーディガンを
艶っぽく、
女らしく着こなす、

ロングカーディガン＆
細ベルトのコンビが新
鮮に映りました。大人
っぽくふんわりスカー
トをはきたい、'08年春
の代表スタイル。

〝×ターコイズ。
永遠に愛したい、
コラボレーション〟

5年前、Domaniで初
めて担当したページ。
モデルの仁科さんは私、
のスタイリングをいつ
も程よいナチュラル感
で着こなしてくれます。

菊池京子的
カーディガンの
着こなしバリエーション

Sweet

イメージするのは
現代の
ファーストレディが着る
清楚なマリン

トレンドを超えて、マリン
スタイルはもはや夏の定番。
爽やかな配色で通勤にもぴ
ったりな、きれいめアレン
ジです。パールをアンサン
ブルニットに合わせた正統
派の着こなしは、昨今注目
を集めるファーストレディ
たちの装いでもよく目にす
る、クラシックな着こなし。

Clear

清潔感のある
潔さが
気持ちいい
白のレイヤード

白Tシャツ×白カーディガ
ンのレイヤードが、一時マ
イブームでした。全身、真
っ白のコーディネートはま
るでひとつのジュエリーを
身につけているかのような
リュクス感。自分なりのセ
ンスを積み重ねてきた大人
の女性に似合う、シンプル
に徹した装いです。

Mature

ブラウントーンの
シック配色が表現する、
奥深い大人の女らしさ

黒×茶は好きなカラーコー
ディネーションでどこか味
わいがあります。夏の終わ
り、秋の始まりのセピアに
輝く空と穏やかな空気感に
似合いそう。深い色味が、
余裕のあるリッチな雰囲気
を感じさせて。足元のピン
ヒールに、さりげない女ら
しさが薫ります。

Cute

黒カーディガン×
ペールピンクで決める
ラフで私的な時間

映画『アルフィー』のジュ
ード・ロウが着るピンク使
いがこなれていて、おしゃ
れだったんです。すっかり
夢中になって、映画のよう
にピンクをラフに着たい、
がしばらく私のテーマでし
た。黒カーディガンに白T
シャツが、ピンクの魔法で
雰囲気のある装いに。

Pants

出逢えたことに感謝。
私の原点にあるもの

10年以上前の〝Theory〟との出逢い
が、パンツスタイル＝菊池京子と言
われた原点です。そのころのパンツ
は、まだまだメンズスーツの延長で
した。そんなとき、当時は青山にあ
ったショップにふらっと立ち寄って
試着した１本の黒パンツ。「すごく
いい！」。それまでにない女らしい
シルエットで一気に気持ちが上がっ
たのを覚えています。Oggiの通勤ス
タイルで早速紹介したら大反響。新
しいパンツスタイルの始まりでした。

パンツ／Theory（私物）

ボディに吸いつくようなTシャツ、そして美脚を約束するラインのパンツ。そこに焼けた肌が加わり完成する健康的なブラックです。

〝文句なしに
かっこいい、
最上級シンプル〟

062

〝意外性のある
ブラックを主役に、
夏のパンツスタイル
を楽しむ。

モノトーンのアロハシ
ャツにひと目惚れ。あ
えて美脚パンツを合わ
せれば、品よく、エレ
ガントに導いてくれる。

〝カーキ味のある
グレーパンツ。
白ストールで
スポーティに気取る〟

人気モデルの長谷川潤
ちゃんが、シックすぎ
ない、程よいライト感
をうまく表現してくれ
ました。

〝Domani誌上で
『green』を
初クローズアップ〟

私のスタイリングに欠
かせないブランド。デ
ザイナーの時代観と、
ものづくりに対する姿
勢を尊敬しています。
現在活動休止中なのが
残念です。

菊池京子的
パンツの着こなし
バリエーション

(Daily)

パンツなのに女っぽい!
新たな可能性を見出した
思い出の1本です

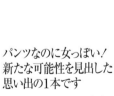

パンツは〝Theory〟の定番
『MAX.C』。ボディが入る
と抜群に女っぽいシルエッ
トになる、ずっと探し求めて
いたアイテム。私の代名詞
のような格好。ちなみにコ
ートは、Oggi10周年を記念
して〝M-premier〟とコラ
ボレートした限定アイテム。
今でも愛用しています。

Formal

黒のベーシックパンツで
夜のパーティシーンを
過ごしたい

レセプションパーティや夜
開催のファッションショー
へ行くときのスタイルです。
昼間のスポーティな顔から
一転、黒のベーシックパン
ツをドレッシーに着てみる。
着こなししだいでがらっと
印象を変える、その軽やか
さが好き。だからこそ普遍
のアイテムです。

ひとさじの可憐

〝ドレス・ア・ドレス〟の 超プチネックレス

遊び心のある 大人の女性ってかわいい!

いくつになってもどんな時代でも〝かわいさ〟って忘れたくないですよね。プレスルームでたまたま見つけた、この超プチサイズのネックレス! ひと目惚れでした。チャーム部分が直径4㎜と、最上級の小ささ。このサイズ感なら、ちょっとしたプレゼントにもいいし、自分や大切な人のイニシャルを身につけて楽しんだりもできますよね。大人の女性が遊び心をもって、こんなプチサイズのイニシャルをジャケットやニットにさらりとつけていたら余裕があって素敵。華奢なフォルムが、どんなストイックな着こなしにもさりげなく甘さを加えてくれるんです。なんかいいですよね。

ネックレス各¥22,050
(フレックス・ファーム〈ドレス・ア・ドレス〉)
☎03・3470・8670

Skirt

身につけるだけで、
ヒロイン気分になれる

世界中で愛される、女らしいアイテム。スカートってはくだけで優しい気持ちが満ちる、そんな感じがしませんか？ 歩き方、動作まで変えてしまう、女性が女性らしくあるためのマジックが潜んでいます。

私にとっては、ちょっぴりスペシャルなモードにしたいとき、クローゼットから甘い香りをそっと贈ってくれます。身につけると、思わず足元が軽やかになって、楽しいことが待っていそうな外へ出かけたくなるから不思議です。

スカート／ハロッズ(私物)

〝静かな時間の
流れに溶け込む、
上質なリラックス感〟

都内のホテルで週末を
過ごすなら、という企
画でパッと浮かんだス
タイル。張りのあるス
カートに、ポロシャツ
のリラックス感を加え
た大人カジュアルです。

〝タイトスカートを
いきいきと
スポーティ感覚で
はきたい〟

今なら、ラフなヘアス
タイルやTシャツで、
ブラックタイトを気負
わず取り入れるマイン
ドが必要です。

菊池京子的
スカートの
着こなしバリエーション

Decent

スカートの色合いを
基軸にした、
アンティーク配色

ヨーロッパを訪れると、ウインドウディスプレーを見るのが本当に楽しくて。気の利いた配色や、自由なクリエイションにわくわくします。このパープル×ブラウンも、そんなお店の内装術がヒント。焦げ茶がひと役買って、深みのある上質カジュアルの完成です。

Cheerful

太陽の光が似合う
オレンジのスカート。
週末、どこに出かける?

エネルギッシュで元気なイ
メージのオレンジは、着る
だけでパワーがもらえそう
!　その色味を楽しむ気持
ちで、トップスには大地の
カラー・茶を、小物には太
陽の光・ゴールドを。あと
は洗いざらしのラフなヘア
で、ナチュラルなスタイル
を楽しむ。

Casual
Chic

タイトスカートに
ピンヒール…ボーダーを
合わせるのが私流

ボーダーの代表アイコン、
『勝手にしやがれ』のジー
ン・セバーグがおしゃれの
お手本！　いつ見ても新鮮
だし、真似したいと思わせ
る魅力がたっぷり。そんな
ボーダーを、デニムならぬ
細身のタイトできゅっと決
めるのもかっこいい。こん
なスタイルで、仕事をこな
す女性も素敵です。

Sporty
Chic

ブラックタイトを
明日はいてみようかなって
思える気軽さで
着こなしたい

タイトスカートというとエ
レガントな印象ですが、私
だったらスポーティに元気
に着たい。だから、いつも
はデニムに合わせる大好き
なポロシャツを、今日はち
ょっと女っぽく着てみよう、
ってタイトスカートに合わ
せる感覚。軽快な着こなし
で街を颯爽と歩きたい。

Denim

自分らしくいられる最愛にして、最高のアイテム

何歳になっても〝今〟を感じたい。はくだけで元気なオーラを身につけられる…。デニムって、私にとっては、カジュアルを自分らしく最上級になじませて、ラグジュアリーを自然体に力を抜けさせてくれる存在です。いかにも女っぽいアイテムよりも、デニムのような男っぽいものをセクシーに着る。〝味〟がある女性を目ざしたいから、今も、これからもデニムとのいろいろな可能性を楽しんでいきたい。

デニム／すべて私物

〝ブレザーの
育ちのよさを、
デニムの
ダメージではずす〟

ダメージデニムに、仕
事モードのときはジャ
ケットを、プライベー
トでは甘いブラウスを。
どんなときも、自分ら
しくいられる1本です。

〝大切なのはバランス。
カジュアルさと
エレガンスさ〟

ジュエリーの重ねづけ
を効かせています。レ
ザーとデニムというメ
ンズライクな装いに艶
を与えてくれる。

BLUE DENIM

〝ひとつの柄のように、
ブルー×グリーンの
瑞々しい色合いが鍵〟

'05年の冬に提案した
スタイルです。当時は
〝色×色〟という発想
が珍しく、編集部では
賛否両論だったのを覚
えています。

Boots
Cut

メンズライクな装いを
女性が着るのって
どこかセクシー

白シャツ×ブルーデニムは、
どんな時代でも色褪せるこ
とのない永遠のベーシック
スタイル。そこに、レザー
ブルゾン、足元にバレエシ
ューズを合わせるのが私流。
撮影用のサンプル貸し出し
で、プレスルームを訪れる
ときのスタイルです。アク
ティブな日にどうですか?

WHITE DENIM

〝ブラック＆
ホワイトの潔さは
そのまま、
クリーンに
着くずす〟

男性の正装であるタキ
シードジャケットを女
性が着たら…。それだ
けでセクシー。白デニ
ムが、自分らしいイー
ジー・エレガンス。

Baggy

白デニムの
気持ちよさにさらりと
モッズコートを羽織って

以前観た大人の恋愛映画
『恋愛適齢期』で、ダイア
ン・キートンが白ニット×
白パンツをごく自然に着て
いた姿が印象に残っていま
す。あんなにラフなのに、
その人の雰囲気で着た白に
は味がありました。大人の
恋に似合う色です。

ひとさじの清純

〝ミキモト〟の
パールネックレス&ピアス

ずっと一緒でありたい、
大切な存在

母のジュエリーBOXにあったパール。小さいころから
何気なく身近にあって親しんできた存在です。〝そろそ
ろ本物を身につけたい〟と思って、銀座に向かったのは
約10年前。着ていた白いTシャツにパールを試しにつけ
た瞬間、パッとまわりを明るくするような、自分を大人
の女性として格上げしてくれるような、そんな自信を与
えられた気がして。今も大切にしている〝ミキモト〟の
パールとの出逢いです。パールのもつ品、清潔感、艶、
そのすべてが好き。本物をあえて日常のカジュアルにつ
けてさりげなく楽しむのが私流。無造作につける大人の
贅沢…ってあると思います。今も年を重ねてからもパー
ルの似合う女性でありたい。

ネックレス・ピアス／私物

Pink

強いHAPPYパワーを感じる、魔法の色

なぜかときどき着たくなりませんか？　着ると幸せな気持ちに包まれる、魔法の色〝ピンク〟。HAPPYをなるべく取り入れたいから、ベーシックカラーの日常に、ふと色をつけてみるんです。それだけで、自分の気持ちが少しやわらぎます。印象はスイートなピンク。いろんな経験をしてきた大人の女性が身につけると凛々しさが加わり、甘いだけじゃない深みのあるピンクが生まれます。

〝大人の女性が
ピンクをラフに着る
かっこよさ〟

このときの特集のテー
マが〝青山フェミニン〟。
青山はおしゃれをした
くなる街、気分が上が
る街。そこに合うのは
ピンクだなって瞬間で
決めました。

〝優しい気持ちを
プレゼント
してくれる
ピンクのニット〟

好きな写真のひとつで
す。たとえ着慣れない
色味でも、デニムなど
自分らしいものと合わ
せることで自然に着こ
なせます。

菊池京子的
ピンクの
着こなしバリエーション

Accessory

小物だけで
ピンクを効かせる、
技ありミックス術を
楽しみたい

紺地にドットを効かせるか
のように、一点一点ピンク
小物をキュート感たっぷり
に足していきました。大胆
なピンク使いもいいけれど、
これくらい控えめなのも、
こなれていておしゃれ度が
アップ。深みのあるインデ
ィゴブルーにフルーティな
色合いがよく映えます。

Print

華やかなピンク柄を
主役にした
スイートエレガンスに
注目!

カジュアルな服もエレガン
トに着てみせるのが女優の
ニコール・キッドマン。服
に着られず、自分の個性で
服を着こなす見本のような
女性。インパクト柄のスカ
ートも、気負わず自分流で
トライしてほしい。夏にア
ロハを着るような感覚で焼
けた肌にも合います。

Vintage

ムードのある服は
オリジナルの〝味〟がある

レース、シルク、ビーズ…特別な素材、パリのアンティークショップの空気感。〝ヴィンテージ〟というとまず思い浮かべるものです。日常の生活に、スペシャルなものがおしゃれに溶け込む感じがなんか好きなんです。真新しいブラウスとはまた違って、そでを通したときから体にも心にもなじむような感触。それが〝味〟なのかな。そんな〝味〟のあるものを毎日の着こなしにさりげなく取り入れられたら、素敵です。

ファーストール／green（私物）

〝大人の
女性が着こなすから
かっこいい、
洗練サファリ〟

白シャツをいつもと違
った空気感で、ドライ
な雰囲気に仕上げまし
た。味のある柄がヴィ
ンテージを感じさせる。

〝シャツ1枚で
女っぽい。
映画のヒロインを
気取ってみる〟

『夕なぎ』のロミー・シ
ュナイダーのシャツス
タイルからインスパイ
ア。今でもこの写真を
覚えていてくれる当時
のスタッフが多くてう
れしいです。

097

〝パリの街角、
アンティークショップから
オルゴールの音色が…〟

何か物語がありそうな、
雰囲気のあるピンクベ
ージュのワンピースに
ひと目惚れ！ 足すの
は黒のファーのみ。

〝ブラックレースを
無造作に仕上げる
感性こそ大人の
フェミニン〟

レースを甘く着るので
はなく、ヘアもラフに、
腕にはボーイズの時計
をつけたりして、どこ
か味のあるキュートさ
をプラスしています。

菊池京子的
ヴィンテージ感の
着こなしレッスン

Hollywood
Actress

アンティークの風合いを、
小物で味付けすれば
〝オリジナル〟な
着こなしが生まれる

自分自身がひとつのジュエ
リーであるかのように、コ
サージュ付きのネックレス
を首に飾り、ファー付きのシ
ョールを巻いてみる。ター
トルにデニムという何気な
い服装に、その日の気分を
ひとつひとつ重ねていく。
早く出かけたくなります。

French
Actress

フランス映画の
ワンシーンのように
キュート感を
楽しんでほしい

ボーダーといえば思い出さ
れるのが、今も昔もフラン
ス映画界で活躍する魅力的
な女優たち。日常的に愛用
している、こなれた着こな
しと長年の愛着が感じられ
て本当にキュート！ カプ
リパンツはベロア素材。ち
ょっぴりのレトロ感を加え
てみました。

Resort

心と体のエネルギーチャージ──
自分への贈り物

ハワイ、イタリアのサルデーニャ島、と耳にしただけで心はたちまちその地へ飛んでいってしまうようです。そこにいるだけで頭のてっぺんからスーッと力が抜け、心身ともに解放してゆったり過ごせる。

プラスのエネルギーをもらう私的な時間。一旦、すべてをリセットしてパワーチャージを繰り返すことで、自分の行動が前に進む気がする。それが、パワーの源です。

スーツケース／リモワ(私物)
※白ラインは自身のアレンジによるもの

〝太陽の光の下。
思い切りのいい
配色で、気分を
開放したい〟

ハワイの広い空とまぶ
しいくらいの日差しに
は、真っ赤なパレオが
よく似合う！ いつも
より大胆なぐらいのほ
うが旅も楽しい。

104

〝肌ざわりのよい
アイテムが
極上の時間を
届けてくれる〟

リゾート地独特のなん
ともいえないやわらか
な空気感は格別。それ
に身をゆだねるように、
上質なアイテムも力を
抜いて着たい。

〝葉っぱのゆれる音、
静かなBGM…
瑞々しい時間に
なじむ自然カラーの装い〟

『フォーシーズンズホ
テル椿山荘』にあるラ
ウンジでのひとコマ。
都会にありながら、都
会にいることを忘れさ
せてくれる極上の場所。

106

〝1枚のサンドレスが、
上質な空気感を漂わす
楽園へと誘う〟

夏だからこそ着られる
大胆な柄のサンドレス。
1枚もっていると、と
っても便利。プールサ
イドでくつろぐのにも
いいけど、バーで一杯
飲むときにも最適です。

ひとさじの遊び心

フラ人形の
キーホルダー

　気心の知れた女友達に、〝はい、お土産！〟

〝セクシー〟、でしょ（笑）。4年前、Domaniの撮影でハワ
イに行った際に、アロハショップで見つけたキーホルダ
ーです。見ているだけで心がなごんで、癒され、笑顔にも
なって、なんだかエールを送ってくれているみたい！ これ、
おしゃれで辛口な女友達にはぴったり、と思って即購入。
バッグに付けてもかわいいし、仕事に恋にトラブルに巻
き込まれたとき、ふと見るだけでなごんでしまうカンフ
ル剤です。実は、このチャーミングなビキニ姿を見て、
思わず新たなビキニを買ってしまいました。びしっと引
きしまったボディでビキニを着て、颯爽と浜辺を歩く姿
…をイメージして、今日もジム通いに励んでいます（笑）。

〝たくさんの笑顔と
たくさんのHAPPYがあるから、
今日も明日からも
頑張れる気がします〟

撮影のとき、特に真ん
中の女の子が必死に踊
ってくれて。みんなの
心がなごんで一気に笑
顔がこぼれました。い
い思い出です。

Private Wardrobe

プライベート・ワードローブ

ここでは、菊池さんが
プライベートで愛用する
〝I love アイテム〟を厳選して
お届けします。
Domani連載ページの
私物コーナーから
ピックアップした、
五感に優しく響く、
菊池京子的ライフワードローブが集結。
心地よく毎日を過ごすための
ウォーミー＆
コンフォートなアイテムたち
にご注目ください！

I love···Cosmetics

ふだんはあまりメークをしないナチュラルメーク派。だからこそ、女性本来の美しさが
際立つパーツをポイントケア。最愛コスメのなかからおすすめ度の高いアイテムを紹介！

〝タアコバ 銀座本店〟の ネイルケアアイテム

手元って実はよく見られているから気が抜けない。
どんなに忙しくてもきれいにケアするのが常です。
左から、ネイルハードナー¥1,890・ブロッサムキュ
ーティクルオイル¥1,260・エメリーボード［左］¥31
5・［右］¥378（タアコバ 銀座本店）☎03・5159・1626

〝ボビイ ブラウン〟のベージュリップ

口紅はこれしかつけない、というくらい何度もリピ
ート！　薄づきのヌーディカラーはどんな服装のと
きもちょっとモードにしてくれる。それに、不健康
に見えない微妙なベージュ具合もいいんです。もう
手放せません。リップ カラー 02¥3,360（BOBBI BR
OWN）☎03・5251・3485

〝クリニーク〟のマスカラ＆ 〝リューヴィ〟の透明マスカラ

まつ毛ケアは、この2本があれば無敵。まつ毛が長
い女性ってそれだけで色っぽい。左／リューヴィ ア
イラッシュエッセンス¥3,990（リューヴィ）　☎03・
5413・5522　右／クリニーク ラッシュ パワー マス
カラ ロング ウェアリング フォーミュラ¥3,675（ク
リニーク ラボラトリーズ）☎03・5251・3541

I love…Fragrance

バスタイムやリラックスタイムは仕事の緊張感から離れて心と体を癒す大切な時間。
ここでしっかりエネルギーチャージしたい。私の心をといてくれる香りを集めました。

〝ジュリーク〞のエッセンシャルオイル

撮影前、バスタブに入れて頭をすっきりさせるレモ
ンライムとローズマリー、よい眠りを誘うラベンダ
ー。香りは気分によって使い分け。休みの日には蒸し
タオルに3種のオイルを垂らして、顔や首に当てる
のも極楽。エッセンシャルオイル 各10ml[ローズマ
リー]￥3,635・[ラベンダー]￥3,885・[レモンライム]
現在発売中止(ジュリーク・ジャパン) ☎0120・40
0・814 ※ボトルデザインはリニューアルしています。

〝ジュリーク〞のローズウォーター

バラの香りがほんのりやわらかなローズウォーター。
お風呂上がりやベッドリネン、肌の乾燥対策として
など、いたるところでシュッシュしています。自然
な香りなので、ちょっとした気分転換にもおすすめ。
ローズミストバランシング 100ml￥4,725(ジュリー
ク・ジャパン) ☎0120・400・814 ※ボトルデザイン
はリニューアルしています。

〝サンタ・マリア・ノヴェッラ〞のソープ

昔からの手法にこだわってつくっているイタリア産
のソープ。ベッドサイドにそっと置いておくだけで
も、ほのかに香りが漂ってきます。洗い上がりは、
すごくしっとり! ミルクソープ 100g各￥1,995(サン
タ・マリア・ノヴェッラ銀座) ☎03・3572・2694

I love…Glass

ふとしたときに使うカップ類に気を遣ってみるだけで、豊かな気持ちになれるもの。
一杯のティーをおいしく〝飲む〟。心が満たされ、幸せが倍増する瞬間です。

〝ロイヤル コペンハーゲン〟のカップ

コペンハーゲンのニュー メガシリーズ。いただき
ものなんですが、実は狙っていたものだったので、
うれしい驚きでした。ちょっと大ぶりなのも、なん
だか私っぽい(笑)。ティーを飲むときの定番カップ
です。カップ[編集部調べ]￥12,600(ロイヤル コペ
ンハーゲン 本店)　☎03・3211・2888

〝Baccarat〟のシャンパングラス

1930年代のもので、『クゥード ア シャンパーニュ』
という、〝バカラ〟のグラスです。アンティークショ
ップを通りかかったときに偶然見つけました。〝エ
リザベート〟という小花柄がとにかく素朴で愛らし
く、ガラスなのにあたたかい…ひと目惚れです。

プレゼントされた湯のみ

バースデープレゼントとしていただいた湯のみ。手
にすっぽり収まる具合がちょうどよくてお気に入り。
持つだけであったかみがあるんです。さすが、長年
の友人、「分かっているな〜」と。机にあっても、
どこかコロンとしていて、それもまたキュート！

I love…Tableware

日々の簡単クッキング、休日のしっかりクッキング。いずれも食卓に並ぶのは
こだわりの食器類です。食べ物が映える〝白〟を基調にしたシンプルなデザインが私好み。

レトロ調のガラス皿

上京するときに母が渡してくれた、小さいけれどあ
たたかい色合いのガラス皿。そのときはじめて知っ
たんですが、それは私が1歳のときに祖母がお祝い
で買ったものでした。それを知って、じんときたの
を覚えています。今も大切に愛用中。

加藤財さんの急須

緑茶用として使っている急須。加藤財さんの作品で、
湯ぎれがいい。ぽたっとしていないというか、全体
のフォルムも絶妙です。粉引きなので使えば使うほ
ど味がしみ込んでいくのが分かる。私流の〝味〟に
したいと思います。

白いお皿

インテリアもそうですが、食器類もやはり白が主役。
どんなお料理も邪魔することなくきれいに映えるし、
使えば使うほど味が出て愛着がわいてきます。デザ
インはシンプルなものが好き。パートナーとなるお
料理があって完成する、あったかい風情のお皿です。

I love…Sweets

甘いものに目がなくて。しかも仕事中はいろんな甘味の差し入れに恵まれて…。
そんななか、自信をもってお届けする選りすぐりの3大スイーツです。

〝喜風堂〟のどら焼き

あんこが苦手な友人をして、美味しいと言わしめた、
どら焼きのキングです(笑)。あまり大きくなくて食
べやすいのもいい。写真はハートの焼き印と金粉を
特注したもの。引き出物用としても使えます。特注
価格でひとつ¥189(喜風堂) ☎03・3712・0959

〝ばいこう堂〟のかのこちゃんのあられ糖

銀座にある器屋さんで、たまたまお茶請けに出して
いただいたあられ糖。口の中でいつの間にか消えて
なくなってしまうかのような口溶けのよさ。すっか
りはまってしまいました。かのこちゃんのあられ糖
¥500(ばいこう堂)　本店☎0120・33・6218

〝ナナン〟のショートケーキ

友人と浅草を散策していたときにふと入った喫茶店
〝パティスリーナナン〟で出合ったのがこのショー
トケーキ。食べた瞬間、その味に絶句。通常より3
倍ほど多く卵を使っているらしくスポンジがしっと
り美味しい！　スペシャルショートケーキ¥380(パ
ティスリーナナン)　北千住店☎03・5913・8844

I love…Drink

朝目覚めて飲むモーニングコーヒーに始まり、気分転換のフレッシュジュース、
ディナーのお供のワインまで、お気に入りのドリンクをご紹介します。

柑橘系のフレッシュジュース

ビタミンが豊富なフルーツ。そのまま食べるのも好
きですが絞ってジュースにもよくします。イタリア
を訪れたらホテルのテラスでフレッシュジュースを
ごくっと飲むのが定番！ グラス各¥262・スクイーザ
ー¥578（F.O.B. COOP 青山店）☎03・5770・4826

〝ビアレッティ〟のモカ・エクスプレス

朝起きたらまず飲むのがエスプレッソ。これがない
と一日が始まりません。このマシーンはとにかく使
いやすくて、無精な私も億劫にならない楽ちん操作。
サイズも大中小そろえ、飾っておくだけでもキュー
ト。モカ・エクスプレス［3CUP］¥4,200（CIBONE
JIYUGAOKA with TMS）☎03・5729・7131

北イタリアのワイン〝PINOT GRIGIO〟

ヴェネツィア近郊のレストランで、たまたま店員に
すすめられた白ワイン。晴れた日の午後、さらっと
飲める口当たりのよさと、穏やかな街の雰囲気とが
マッチして忘れられないワインに。日本では2600円
くらいで購入しました。ワイン／私物

I love…Manner Stuff

マナーや気配りを知っていることは大人の女性の基本のキ。ちょっとした心遣いや
振る舞いで、自分も居合わせた人もいい気分にしてくれる身だしなみグッズをそろえました。

〝唐長〟のカレ・ド・パピエ

京都から取り寄せて愛用している、唐長文様『南蛮
七宝』のペーパーアイテムです。和紙がもつ独特の
味わいと、控えめなデザインが上品。メッセージカ
ードや懐紙替わりなど、いろんな場面で利用してい
ます。カレ・ド・パピエ[10色×10枚セット]¥4,000
(唐長 四条烏丸)☎075・353・5885

〝イシカワ〟の高級洋服ブラシ

石川さんという方が、ひとつひとつていねいにつく
っている馬毛の洋服ブラシです。冬のコートやジャ
ケットに感動的な艶を与えてくれ、その仕上がりは
まさにミラクル。冬に欠かせません。¥45,150(イシ
カワ/〈イシカワ〉洋服ブラシ)☎045・902・3824

〝和光〟のレースハンカチーフ

〝和光〟の定番アイテムであり、フォーマルな場に出
席するときは必ず持参する2枚のレースハンカチー
フ。ひざ掛けに使うレース地と、手を拭くためのタ
オル地とで使い分けています。ハンカチーフ[大]¥
3,150・[小]¥2,100(和光)☎03・3562・2111

I love···Stationery

仕事を支える7つ道具、ではありませんが身の回りの〝小道具〟こそセンスの見せどころ。
それだけで仕事がHAPPYになる、Best of ステーショナリーが集合！

〝アラン ミクリ〟の眼鏡

日中はコンタクトレンズを使用していますが、家に
帰ったらまず眼鏡。偶然見つけたのですが、程よい
スクエアフェイスに、華奢な赤フレームが気に入っ
て。ときどきファッションとして、コーディネート
に登場することもあります。眼鏡／私物

〝Crane's〟の Thank you カード

200年以上の歴史を誇る〝Crane's〟のカードは、シ
ンプルで上品なところが私好み。時間が経っても変
色しないよう酸化しない紙を使っているのだとか。
かのオードリー・ヘップバーンも愛用していたそう。
カードセット［クレイン］￥1,575・スタンプ［ルビナ
ート］￥2,205・シーリングワックス［アラジン］￥672
（銀座・伊藤屋）☎03・3561・8311

〝モンテグラッパ〟のシャープペンシル

しゃれたデザインで人気がある、イタリアの筆記具
ブランド〝モンテグラッパ〟。長年万年筆を愛用して
いましたが、このシャーペンと出合ってからはこれ
ひと筋。ぷっくりしたフォルムがにぎりやすい。価
格は3万1500円くらい。シャープペンシル／私物

I love…Cinema

映画好きで有名な菊池さん。特に'50年代後半〜'60年代の映画への造詣は深い。
そんな菊池さんが選ぶ〝ファッションのお手本となる映画〟3本を厳選してお届けします。

『メイド・イン・U.S.A.』

トレンチコートのページでも少し語りましたが、20
歳のころ、この映画のアンナ・カリーナを観てトレ
ンチの魅力にはまりました。独特の雰囲気で、さり
げなく着こなす姿は本当に素敵。映画は、ジャン=
リュック・ゴダールの監督作品でスローなテンポ。

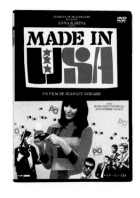

『情事』

この映画に登場するイタリア女優、モニカ・ヴィッ
ティの雰囲気すべてが好き。少しかすれた声やラフ
なヘアスタイル。独特の気だるさとアンニュイな魅
力。どれをとっても最高にかっこいい。タイトにさ
らっとトレンチコートを着る姿も憧れ。

『トーマス・クラウン・アフェアー』

'99年に公開されたアメリカ映画です。レネ・ルッソ
がアメリカの女性らしく堂々とした立ち居振る舞い
で〝セリーヌ〟を中心としたハイブランドを次々と
スタイリッシュに着こなしていきます。最上級のシ
ンプルスタイルは一見の価値あり。

I love···Music

ジャズからクラシックまで、スローなリズムの心地いい音楽が好きという菊池さん。
〝休日のリラックスした午後に聴きたいBGM〟をセレクト！

〝コリーヌ・ベイリー・レイ〟の
『コリーヌ・ベイリー・レイ』

仲のいい編集者から『菊ちゃんが好きそう』とすす
められて聴いたのが最初です。とにかく声が好き。
スローな音楽とコリーヌ・ベイリー・レイのハスキー
な声が優しく響き始めると頭がすっきりとし、部屋
の空気さえ浄化されていくかのよう。

〝ビル・エヴァンス＆ジム・ホール〟の
『アンダーカレント』

'50年代に録音された、クラシックジャズの名盤『UN
DERCURRENT』の復刻CD。シンプルな音色がな
んとも落ち着くジャジーな旋律は、ただ流れている
だけで別世界に引き込まれるよう。ジャケット写真
も'50年代のオリジナルのままでおしゃれ。

『シェルブールの雨傘』
オリジナル・サウンドトラック

有名な映画ですが、音楽も心に残る傑作です。映画
音楽の巨匠、ミシェル・ルグランがつくり上げた音
楽で、切なくもドラマティック。情緒溢れるピアノ
曲は、聴いていると恋人に会いたくなる、恋をした
くなるような魔法の音色です。

Special Messages

「アグレッシブな行動力、常に前向きでパワフルな菊池さんにいつもエネルギーをもらっています。まさにスタイリストが天職と言える卓越したファッションセンスで今後の更なるご活躍を期待しております」

(株)ファーイーストカンパニー　代表取締役社長
白神敏之

「Già dal primo incontro kikuchi-san
mi colpì per l'incredibile energia
che esprime non solo con i suoi
occhi ma con tutto il suo corpo, in
ogni suo movimento. La sua carica
positiva ed insaziabile curiosità
sono estremamente coinvolgenti e
spronano le persone intorno a lei
a lasciarsi andare a raccontare.
Credo sia questa l'origine della sua
estrema competenza e preparazione
nel settore della moda.
Grazie al suo portamento indossa ogni capo
della mia collezione in modo perfetto.
Insomma ogni incontro con Kikuchi-san
è una grande gioia」
和訳) はじめて菊池さんに会ったときから、その瞳と体中からエネルギーが溢れていて大変感銘を受けました。ポジティブな姿勢と好奇心の強さで周囲の人々をほっとさせ会話にも花が咲きます。また、その美しい身のこなしで弊社コレクションを完璧に着こなされます。毎回会えるのを楽しみにしているよ。

HERNO社　CEO、クラシコイタリア協会 会長
Claudio Marenzi

「とにかくセンスがいい！　天性のセンスと幅広い知識が、毎回あの素敵な誌面をつくっているんだな、と感心しています。自分のスタイルをもちつつ、商品のよさを最大限に引き出されるので安心してお任せすることができます。菊池さんご本人はとても気さくで、撮影のときはいつも周りに気遣いをされ、本当にバランスのとれた素敵な女性です」

ヴァン クリーフ＆アーペル 広報宣伝担当チーフ
熊野ゆか

「菊池さんはびっくりするほどの褒め上手なので、撮影現場で彼女が『この写真好き！』と言ってくれれば僕も（多分みんなも）これで大丈夫って気になれます。いつもありがとう」

フォトグラファー
鷺坂 隆

「ほかにはいない、稀有な才能をもった人。すごく信頼をしていて、撮影現場は純粋なクリエイションの場。アイディアを出し合って作品をつくっていくのが本当に楽しい。これからもよろしく」

フォトグラファー
前田 晃

「I love working with her.
Our collaboration has been successful
because we always have a shared feeling
towards a picture when shooting.
Kikuchi-san possess a refined taste in style,
not just in fashion, but also in lifestyle,
and I have a great admiration for her」
和訳) 撮影はいつも楽しいんだ。目ざす写真のイメージが一緒なので必ずいいものができる。ファッションだけでなくライフスタイルも洗練された、かっこいい女性。大ファンだよ。

静物フォトグラファー
John Chan

「ボーイッシュに見えて、繊細でキュートなジーン・セバーグのような方。10数年来のお付き合いですが、フレッシュでグッドセンスなコーディネートに何時も感激で、値段ではなく価値を見極めて提案なさる、数少ないスタイリスト」

ADORE ディレクター
酒井典子

「シンプルでヌケ感のあるスタイリング、そして現場ではいつも気を使ってくれ、でもこだわるところは絶対に妥協しないところが大好きです。『GU-GUガンモ』似な声も大好き！」

モデル
青山恭子

「18歳のときに出会ってからのお付き合いですが、毎回の撮影は良い意味で緊張でき、菊池さんの世界観を一緒につくり上げていくのが楽しいです。スタイリングの絶妙なくずし方や現場での気配りもとても勉強になります」

モデル
内田ナナ

「仕事に対するこだわりには妥協がありません。自分のイメージを確実に表現しきるまでどんな努力も惜しまない姿勢は後ろから見ていて頼もしさがあり、でもその後頭部には寝ぐせのあとが…女性の強さと可愛らしさを持ち合わせた、とってもチャーミングな人です」

メークアップ・アーティスト
yoboon

「早朝ロケはコーディネートチェックで始まりますが、ファンキーな寝ぐせっぷりをチェックするのも楽しみのひとつです！」

ヘアスタイリスト
TAKE

「イタリアをこよなく愛しつつ、律儀で古風な日本風味の女性であるところに惹かれます。カルチャーの香り漂う日常の賜であり、今の気分を考え抜いたスタイリングが、撮影前にピシッと見事に揃っている。その美しく完璧な職人技に、毎回感嘆の声を上げていました。共にモニカ・ヴィッティファンなのも嬉しい！」

和樂編集長（元 Domani 編集長）
花塚久美子

「私にとっては魔法使いのような方です。菊池さんにかかると、旅した場所や、街ですれ違った女性、その日の気分や、他愛もない雑談…日々の思いがすべて、きらめくように魅力的なコーディネートになってしまうんです！」

Domani 連載「東京HAPPY」元担当編集
岡崎直子

「東京の街が少しずつ変化してゆくように、その街を映し出している菊池さんのベーシックも自然に進化を遂げています。だれもが憧れるさりげなく素敵なスタイルは、いつも同じ視線で感じ、伝え続けているから。そんなスタイルにいちばん最初に触れられて幸せです」

Domani 副編集長／「TOKYO BASIC」単行本編集
世古京子

Message from
Kyoko Kikuchi

〝ありがとう〟
この本に協力くださった、たくさんの方たちに感謝の気持ちでいっぱいです。
人との出会い、つながり、そして愛情に支えられてきました。
これからも、そのひとつひとつを大切にしていきたいと思います。

菊池京子

Index

※この本の趣旨は、お手持ちのベーシックな服を楽しんでいただくことにあります。
掲載写真は、Oggi 2000年5月号〜2004年7月号、Domani 2004年9月号〜2009年9月号に
掲載されたページを中心に構成されているため、
商品は、一部をのぞき、現在取り扱いがございません。
メーカーへのお問い合わせはご遠慮くださいますようお願いします。
また、店舗やブランドの情報、商品の価格記載のあるものは2009年10月現在のものであり
変更される場合があります。

ICB（オンワード樫山）
アオイ
アシックス
ADORE
アニヤ・ハインドマーチ ジャパン
アパルトモン ドゥーズィエム クラス銀座店
アマン
アンテプリマ、アンテプリマ/プラスティーク、
アンテプリマ/ワイヤーバッグ（サイドフェームジャパン）
ヴァベーネジャパン
ヴァン クリーフ&アーペル
ヴァンドームヤマダ
ウールン商会
ヴェイド銀座本店
ヴェルダン
アングローバルショップ
栄光時計㈱サントノーレ
エストネーション
eggnog自由が丘店
EPOCA
エポカ ザ ショップ銀座
エリオポール代官山
エルメスジャポン
オールドイングランド（ナイツブリッジ・インターナショナル）
オブジェスタンダール
オプティカルテーラー クレイドル 青山店
オーシャンズ&イット（カイ）
カイタックインターナショナル
カメイ・プロアクト
キートン
Gap原宿
銀座かねまつ6丁目本店
green
グローブ・トロッター ジャパン
kate spade NEW YORK
コンバース
SALOTTO
ジィ・オー・ピー
ジャガー・ルクルト
シャネル アイウエア事業部
ジュエル チェンジズ 銀座店
Joie
ジョゼフ（オンワード樫山）
昭和西川
シンクロ クロッシングズ
ストラスブルゴ
スリードッツ
スローウエアジャパン

Theory
Theory luxe
D&G アイウエア
ディ クラッセ（アオイ）
ティファニー・アンド・カンパニー・ジャパン・インク
DES PRÉS
ドゥーズィエム クラス
TOMORROWLAND
ドゥロワー 青山店・丸の内店・日本橋三越店
トキト
トッズ・ジャパン
トレトレ 青山店
ドレス・ア・ドレス（フレックス・ファーム）
n°44
バーバリー（SANYO SHOKAI）
バーバリー・ブラック レーベル（SANYO SHOKAI）
バナナ・リパブリック
バリー・ジャパン
バロックジャパンリミテッド
ハロッズ（ナイツブリッジ・インターナショナル）
PMD JAPAN
ビバ・サーカス
FOXEY BOUTIQUE
フェド&ビヨンド
ブシュロン
ブライトリング
PLS+T
フランチェスコ・ビアジア
ブルガリ アイウエア事業部
フレッドペリー ローレル青山
PREMISE FOR Theory luxe
ヘルノ（アオイ）
BOSCH
BODY DRESSING Deluxe
MICHAEL Michael Kors（オンワード樫山）
マエニマエニ
真下商事
ミッソーニ（オンワード樫山）
ミラリ ジャパン
モード・エ・ジャコモ
八木通商
ユーロモーダ
ユナイテッドアローズ 原宿本店 ウィメンズ館
YOKO D'OR
ロンシャン・ジャパン

Staff Thanks

人物撮影／
前田 晃(P18、19、20、21、26、27、36、45、46、47、54、72、84、90、96、98、99、106、107)、
鷺坂 隆(帯写真、P29、37、44、64、65)、熊澤 透(P28、73、97)、
平井敬治(Vivid／P104、105、109)、阿部珠実(P55、81、91)、
森山竜男(P62、80)、赤尾昌則(switch management／P82)、小川カズ(P63)
静物撮影／
John Chan、佐藤 彩(P83、93、119 上、120 上のみ)
モデル／
青山恭子、石川亜沙美、内田ナナ、仁科由紀子、長谷川 潤、リナ、渡辺佳子、カミラ、敦士
ヘア／
TAKE(3rd)、AZUMA(super sonic)、jiro for kilico
メーク／
yoboon(coccina)、浩平(HEADS)、三澤公幸(3rd)
ヘア＆メーク／
池田慎二(mod's hair ／帯写真ほか)、日高マサカツ(Smink)、油屋喜明(allure)、
佐々木貞江(image)、小原康司(traffic)、yoboon(coccina)、川原文洋(Studio V)、
TASHIRO(HAPP'S)、OSSAMU(image)、MAHIRO
表紙／シャツ（Black Fleece by Brooks Brothers ／私物)
裏表紙／デニム（すべて私物)

菊池京子
Kyoko Kikuchi

スタイリスト。
女性ファッション誌Domani(小学館刊)などを
中心に各方面で活躍中。
ベーシックアイテムを
絶妙なバランスで旬に見せる技に
幅広い層の女性から絶大な支持を集める。
その真似のできないセンスと手腕には
業界内でもファンが多い。
「菊池がすすめる服は必ず売れる」といわれ、
数々の完売伝説をもつ。
ミラノコレクションを毎年訪れ
イタリア通としても有名。

スタイリスト菊池京子が贈る
永遠のファッション・バイブル
TOKYO BASIC
2009年10月4日　初版第一刷発行

著者　　菊池京子
発行人　藤田基予
発行所　株式会社　小学館
〒101-8001　東京都千代田区一ツ橋2-3-1
編集　03·3230·5227
販売　03·5281·3555
印刷所　大日本印刷株式会社
製本所　牧製本印刷株式会社

© Kyoko Kikuchi 2009 Printed in Japan
ISBN 978-4-09-342378-6

校正　　　麦秋アートセンター
構成　　　楠井加寿美
編集・構成　世古京子